20只饥饿的小猪

——认识20以内的数字

（美）特鲁迪·哈雷斯 / 著　（美）安德鲁·哈雷斯 / 绘

长春出版社
国家一级出版社
全国百佳图书出版单位

吉图字 07-2014-4319 号

图书在版编目（CIP）数据

我喜爱的数学绘本 . 20 只饥饿的小猪 /（美）特鲁迪·
哈雷斯著；（美）安德鲁·哈雷斯绘；刘洋译 . -- 长春：
长春出版社 , 2021.1
书名原文：Math is Fun!20 hungry piggies
ISBN 978-7-5445-6213-3

Ⅰ . ①我… Ⅱ . ①特… ②安… ③刘… Ⅲ . ①数学 –
儿童读物 Ⅳ . ① O1-49

中国版本图书馆 CIP 数据核字 (2020) 第 240743 号

我喜爱的数学绘本·20 只饥饿的小猪
WO XI'AI DE SHUXUE HUIBEN · 20 ZHI JI'E DE XIAOZHU

著　者：特鲁迪·哈雷斯		绘　者：安德鲁·哈雷斯
译　者：刘 洋		
责任编辑：高 静 闫 言		
封面设计：宁荣刚		

出版发行：长春出版社　　　　　　　　总编室电话：0431-88563443
　　　　　　　　　　　　　　　　　发行部电话：0431-88561180

地　　址：吉林省长春市长春大街 309 号
邮　　编：130041
网　　址：http://www.cccbs.net
制　　版：长春出版社美术设计制作中心
印　　刷：长春天行健印刷有限公司

开　　本：12 开
字　　数：33 千字
印　　张：2.67
版　　次：2021 年 1 月第 1 版
印　　次：2021 年 1 月第 1 次印刷
定　　价：20.00 元

1号小猪去市场采购。

胡萝卜

小胡萝卜

种子

4

2号小猪留在家里。

3号小猪已经烤完了牛肉。
4号小猪什么也没做。

5号小猪过来说：
"我们、我们、
我们还没做完呢！
还有其他的小猪正在赶来。
聚会刚刚开始。"

6号小猪喜欢跳伞。

8

7号小猪驾着飞机赶到。

8号小猪和9号小猪小声地说：
"幸好我们坐火车来的。"

小猪的
野餐
聚会

11

10号小猪做好了甜甜圈。

11号小猪在表演抛橘子。

12号小猪在用自家种的
萝卜和青菜拌沙拉。

13号小猪弹奏着班卓琴。

14号小猪击打着它的架子鼓。

14

15号小猪在采摘新鲜的菊花，用来做餐桌的装饰。

16号小猪提来一桶味道刺鼻的酸菜。

16

17号小猪看到了一张呲着牙笑的脸，有着长长的胡须和大大的鼻子。

17

"啊————嗷！"

一只大灰狼从灌木丛中咆哮着冲出来，带着奸诈的冷笑说道：

"我美味的野餐——猪排！我要在这里吃掉它们！"

"站成一排，
你们这群美味的小猪们。
因为我比你们**更强壮**，
我要开始吃掉你们啦！"

18号小猪惊恐地喊道：
"大家快跑！快逃啊！"
但是**19**号小猪绝望地对大家说：
"没用的，我们跑得太慢啦。"

19

于是……

第1号、第2号、第3号、第4号、第5号、第6号、第7号、第8号、第9号、第10号、第11号、第12号、第13号、第14号、第15号、第16号、第17号、第18号、第19号……?

20号小猪从她的吊床上醒来，兴致勃勃地准备好午餐。

"我猜该轮到我啦"，她说，
"去叫这群饿着肚子的小猪们。"

所有的小猪都听到了午餐的铃声。

"啊！食物！"它们喊叫着。

然后，那只坏蛋大灰狼被
推倒了，

被**19**只小猪从脚下踩过。

砰——铛——哎哟哎哟——噢!
嗒嗒嗒——啊——

最后小猪们坐到了桌边。
它们愉快地享用了丰盛的食物。

大灰狼没有吃到猪排——

它再也不敢去打扰小猪们啦。